Francisco Conti

MOTORES PASO A PASO

LIBRERIA Y EDITORIAL ALSINA

Paraná 137 - (C1017AAC) Buenos Aires
Telefax: (54) (011) 4371-9309 / (54) (011) 4373-2942
ARGENTINA

2005

LIBRERIA Y EDITORIAL ALSINA
Paraná 137 - (C1017AAC) Buenos Aires - Argentina
Telefax: (54) (011) 4371-9309 / (54) (011) 4373-2942

Francisco Conti
Motores paso a paso - 1ª Edición - Buenos Aires: Editorial Alsina, 2005.
43 p.; 20 x 14 cm.

ISBN 950-553-126-5

1. Motores. I. Título
CDD 629.287

Fecha de catalogación 19/11/04

Indice

¿Qué es un motor paso a paso?

En la actualidad, el número de motores que funcionan alimentados por fuentes de energía del tipo monofásico resulta superior al de todos los demás tipos. La mayoría de estas máquinas se utilizan en pequeños electrodomésticos, servomecanismos especiales, equipos de medición y control, cuyas potencias no alcanzan los 700 W, por lo que familiarmente se los conoce como motores de potencia fraccionaria, en razón de que su potencia no supera el caballo de fuerza. Asimismo podemos encontrar aplicaciones de los motores paso a paso en el campo de la robótica, tecnología aeroespacial, control de discos duros y flexibles, unidades de cd-rom o de DVD e impresoras, sistemas informáticos, manipulación y posicionamiento de herramientas y piezas en general.

Habitualmente funcionan con un bajo factor de potencia, tienen un rendimiento inferior al de los motores trifásicos, resultando más caros y voluminosos que aquellos a igual potencia.

Debemos tener en cuenta que en su diseño entran en juego consideraciones tales como la búsqueda de un bajo costo, baja inercia, escaso peso y funcionamiento silencioso.

Los motores paso a paso, también llamados "de movimiento indexado" o simplemente "de pasos", constituyen un caso especial de esta clase de motores, estando diseñados para girar un determinado ángulo en función de las señales eléctricas que se les apliquen en sus terminales de control.

La magnitud o resolución de los pasos que puede ejecutar un motor dependerá de sus características constructivas, comprendiendo ángulos de menos de 1° hasta 15°, o más, según el modelo.

Este tipo de motores se emplean a menudo en sistemas de control digital, en los que el motor recibe órdenes de lazo abierto en forma de un tren de pulsos para hacer rotar su eje en un ángulo perfectamente definido.

Las aplicaciones típicas son, entre otras, motores para alimentación de papel en impresoras y máquinas de escribir, posicionamiento de cabezas de impresión o plumas en graficadores (plotters), cabezas de lecto-escritura en unidades de disco de computadoras, posicionamiento de herramientas y soportes en equipos de mecanizado controlados numéricamente, aplicaciones en robótica, etcétera.

En muchas aplicaciones se puede obtener una información precisa sobre la posición del elemento accionado, con tan solo llevar una cuenta de los pulsos que se mandan al motor paso a paso, no necesitándose sensores de posición ni control por retroalimentación; lo que simplifica la instalación.

Una ventaja notable de este tipo de motor es su natural compatibilidad con los sistemas electrónicos digitales, que son cada vez más comunes en una amplia gama de aplicaciones.

La mayoría de los motores giran a una velocidad relativamente constante; otros se mueven en pasos discretos. Los primeros tienen dos estados: marcha y parada, activación con el bloque rotor y el movimiento en pasos. Este movimiento puede ser suave o brusco, dependiendo de la frecuencia y de la magnitud de los pasos en relación a la inercia del rotor. Como todos los motores, los paso a paso son conversores electromecánicos, pero, debido a su aplicación específica forman una categoría aparte. Este tipo de motores responden a una forma muy definida (esto es, el giro del eje en uno o varios pasos) a ciertas señales digitales aplicadas a sus mecanismos de control. Por ello, los motores paso a paso se pueden usar para el control en un sistema abierto, sin realimentación. Esto evita los problemas que se derivan a menudo de los sistemas realimentados, tales como la inestabilidad y el sobreimpulso.

Un motor paso a paso puede, no obstante, reemplazar a uno convencional de corriente continua (c.c.) en un servosistema con realimentación. En la tabla 1 se presenta la comparación entre ambos.

Tabla 1

Motor paso a paso	Servomotor de c.c.
El motor es relativamente complicado	El control es simple
No necesita realimentación (control lazo abierto)	Es esencial la realimentación (potenciómetros, codificadores, generadores tacométricos, etc.)
Pobre relación potencia-volumen, por eso son más grandes	Buena relación potencia-volumen
Robustos, envejecen muy lentamente	Presentan envejecimiento de las escobillas
Buenas características de bloqueo	Para el bloque necesita frenos extra (dispositivos mecánicos)

Los motores paso a paso tienen como principal característica que giran de manera incremental, por lo tanto cada paso representa un desplazamiento angular fijo del eje del motor. Este tipo de motores se controlan por el cambio de dirección del flujo a través de las bobinas que lo forman. Con los motores paso a paso controlaremos el desplazamiento del rotor en función de las tensiones que se aplican a las bobinas. Es decir, podemos controlar los desplazamientos adelante y atrás, y un número determinado de pasos por vuelta.

Características técnicas de los motores paso a paso

Debido a las características del motor paso a paso, si se aumenta la velocidad, se reduce el par. Esto se produce porque las bobinas tienen que cargarse para producir el giro del motor. Este proceso de carga se trata de una curva, por lo tanto es necesario esperar un lapso de tiempo para que la curva llegue a un mínimo. En caso de un aumento de la velocidad, la duración de los pulsos que reciben las bobinas disminuye, provocando la falta de tiempo para que se carguen en forma total, por ende disminuye su fuerza.

Características constructivas

Los motores paso a paso se fabrican en una amplia variedad de diseños y configuraciones. Estas últimas comprenden las de reluctancia variable, imán permanente e híbridas.

Reluctancia variable: Cuentan con un rotor de hierro dulce que en condiciones de excitación del estator y bajo la acción de su campo magnético, ofrecen menor resistencia a ser atravesado por su flujo en la posición de equilibrio.

Su mecanismo es semejante a los de imán permanente y su principal inconveniente radica en que en condiciones de reposo (sin excitación) el rotor queda en libertad de girar y, por lo tanto, su posicionamiento de régimen de carga dependerá de su inercia y no será posible predecir el punto exacto de reposo.

Cabe destacar que la resolución angular del modelo de reluctancia variable se determina no sólo por el número de bobinados estatóricos, sino también por la existencia de subpolos. Dichos subpolos se obtienen por el dentado de los polos rotóricos y estatóricos. Este dentado se realiza de manera tal que cuando las ranuras del rotor se encuentran alineadas con las ranuras de un polo estatórico, no están alineadas con los dientes de los restantes polos estatóricos. De este modo, la excitación sucesiva de los polos estatóricos provoca una rotación que es función del ángulo de desplazamiento entre los subpolos sucesivos.

Asimismo para obtener mejores resoluciones se puede recurrir al empleo de un conjunto de motores de reluctancia variable elementales, de geometría idéntica pero desplazados angularmente 1/N del paso polar y montados sobre el mismo eje. Si se excitan sucesivamente los motores elementales, el conjunto puede rotar en incrementos de esa fracción de ángulo polar.

Imán permanente: No presenta variantes de la configuración indicada anteriormente, cambiando la resolución angular en función del número de bobinados estatóricos.

El rotor es un imán permanente en el que se mecanizan un número de dientes limitado por su estructura física. Ofrece como principal ventaja que su posicionamiento no varía aún sin excitación y en régimen de carga.

A diferencia del modelo de reluctancia variable, la alineación del rotor depende de la dirección de las corrientes en los arrollamientos; por lo que si se invierten éstas hará que el rotor invierta su orientación.

Asimismo, aún cuando no haya excitación aplicada a los devanados estatóricos, aparecerá un par que tiende a alinear al rotor con los polos del estator. De esta manera, el modelo de imán permanente presentará posiciones de descanso sin excitación, lo que puede resultar útil para algunas aplicaciones.

Híbridos: Combina las características de los modelos de reluctancia variable y de imán permanente. El rotor suele estar constituido por anillos de acero dulce dentado en un número ligeramente distinto al del estator y dichos anillos montados sobre un imán permanente dispuesto axialmente.

Generalmente la configuración de este motor se asemeja mucho al modelo de reluctancia variable de varios motores elementales, con la diferencia de que los conjuntos elementales del rotor están separados por un imán permanente dirigido axialmente, y la estructura polar del estator es continua en la longitud del rotor.

Con esta configuración, los sucesivos conjuntos rotóricos elementales van adoptando polos magnéticos norte y sur alternadamente, lo que permite obtener posiciones de descanso en ausencia de excitación estatórica, como el modelo de imán permanente mencionado anteriormente.

Para construir motores paso a paso híbridos con distintas resoluciones angulares se actúa sobre el número de conjuntos elementales axiales y sobre el dentado de los polos, tal como en el modelo de reluctancia.

El modelo híbrido presenta ventajas sobre el de imán permanente, ya que permite alcanzar con facilidad magnitudes pequeñas de pasos con una estructura sencilla de imán. Por otro lado, en comparación con el modelo de reluctancia variable, el tipo híbrido necesita menos excitación para lograr una cupla determinada, por la acción del imán permanente; y además permite alcanzar posiciones de descanso sin excitación.

La selección de un motor paso a paso para una aplicación determinada se debe realizar en función de las características de diseño que se desean: su resolución, disponibilidad, tamaño y costo. Además de los tres modelos básicos de motores paso a paso que se han descripto, se han desarrollado varios modelos que combinan las características de aquellos en forma ingeniosa, para una gran variedad de aplicaciones específicas.

Los motores paso a paso se gobiernan actuando sobre las corrientes de los distintos polos estatóricos.

Para el control de las corrientes de los bobinados estatóricos generalmente se utilizan dispositivos de estado sólido de conmutación como transistores o tiristores, gobernados por un equipo a base de microprocesadores.

Debe tenerse en cuenta que el objetivo de controlar un motor paso a paso para obtener la respuesta deseada en condiciones dinámicas de estado transitorio resulta bastante complejo y debe estudiarse para cada caso específico, considerando las características de las masas rotantes involucradas y los parámetros eléctricos del circuito correspondiente.

Principio de funcionamiento

Un motor paso a paso se puede comparar con uno síncrono en lo que se refiere al principio de funcionamiento: un campo magnético rotativo, generado por el control electrónico, pone en marcha un rotor magnético. Los motores paso a paso se diferencian entre sí por la forma en que se genera el campo magnético (es unipolar o bipolar el devanado del estator) y por el material con que se ha construido el rotor: imán permanente o hierro dulce.

Un motor paso a paso bipolar y con un rotor de imán permanente, puede verse en forma esquemática en la figura 1. Por los dos devanados circula corriente, el estator adquiere la magnetización correspondiente y el rotor se orienta según ella.

Supóngase que ahora se invierte la polaridad de la corriente en A, el campo sufre una rotación de 90 grados en sentido antihorario y hace girar el rotor. La secuencia de activación para una vuelta completa es la siguiente: AB – AB – AB – AB – AB. Esto es, cuatro pasos de 90 grados cada uno. También es posible cortar la corriente por el devanado antes de invertir la polaridad. La secuencia entonces es AB – B – AB – A – AB – B – AB – A – AB. Este funcionamiento en semipasos, son más pequeños, lo cual es una ventaja, pero en cambio el par es menos regular y el balance es peor porque durante la mitad del tiempo sólo se utilizan la mitad de las fases.

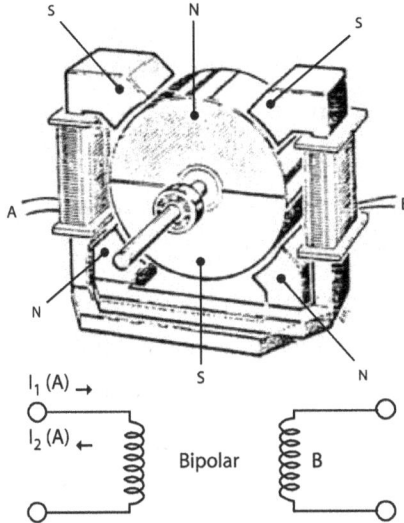

Figura 1: Representación esquemática de un motor paso a paso bipolar. La polaridad del campo magnético cambia al invertir el sentido de la corriente.

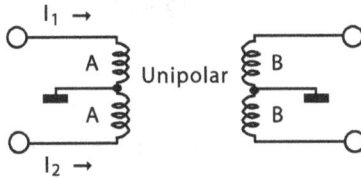

Figura 2: En un motor paso a paso unipolar, la inversión del campo magnético se consigue al circular la corriente por ottro devanado del mismo estator.

Los motores paso a paso unipolares son parecidos a los bipolares, aunque están devanados de forma diferente. Cada fase consta de un devanado con toma central o dos devanados separados, de forma tal que el campo magnético se puede invertir sin necesidad de cambiar la polaridad de la corriente. Si estos devanados van a ocupar el mismo espacio que los de un bipolar, es evidente que llevarán menos vueltas por devanado o éste será de un hilo más delgado. En cualquier caso, el resultado es una menor relación amperios-vuelta, y consecuentemente, un campo magnético más débil. Un motor paso a paso unipolar tiene un par más pequeño que un bipolar de las mismas dimensiones.

Lo que se le exige a estos motores es una alta resolución; en otras palabras, muchos pasos por vuelta. Para conseguir esto se construyen los motores con estator y rotor múltiples, alrededor de un mismo eje y cada uno desplazado ligeramente respecto al anterior.

El máximo número de pasos está limitado porque el imán permanente del rotor induce una tensión en el estator. Los motores con una velocidad de rotación relativamente alta, utilizan a menudo rotor de hierro dulce, con menos polos de estator, que siempre es unipolar. Los bobinados se conectan secuencialmente y a veces en grupos.

A continuación daremos a conocer algunas características de estos dispositivos. En la tabla 2 se reflejan los datos más significativos, agrupándolos en eléctricos y mecánicos. La elección de un motor paso a paso viene determinada, en primer lugar, por los requisitos mecánicos, las características electrónicas determinan el diseño de la parte de control. Un parámetro importante es la velocidad de "pull-in", que es la máxima aceleración permisible de los pasos, la cual está estrechamente relacionada con el momento de inercia del rotor. En las aplicaciones prácticas, no debemos olvidarnos que el momento de inercia aumenta con los dispositivos giratorios acoplados al rotor, lo cual consecuentemente reduce el "pull-in".

Tabla 2

Características mecánicas	Definición
Angulo de paso	Rotación del eje durante un paso, o lo que es lo mismo, 360°/ número de pasos por vuelta
Par de frenado	Máximo par de bloqueo del rotor sin perder ningún paso
Par motor	Efecto del giro de una fuerza medido por el producto de esta fuerza por la distancia perpendicular desde el punto sobre el que actúa y su línea de acción
Velocidad "pull-in"	Frecuencia inicial sin que se pierdan pasos
Velocidad "pull-out"	Velocidad de pasos alcanzada después de una aceleración suave
Momento de inercia del motor (I)	Medida de la resistencia ofrecida por un cuerpo a una aceleración angular
Características eléctricas	**Definición**
Unipolar-bipolar	Tipos de arrollamientos del estator
Autoinducción (L)	Determinada por la cantidad de corriente que circula por el estator con el rotor en movimiento. Se refiere al flujo magnético que provoca la corriente
Resistencia óhmica (R)	Determinada por la cantidad de corriente que circula por el estator con el rotor parado
Máxima corriente del estator	Determinada por el diámetro del cable de arrollamiento

Una característica típica par-frecuencia se muestra en la figura 3 donde se ve cómo, si la frecuencia aumenta, el par disminuye. Esto es debido a que en las frecuencias más altas la corriente del estator principal es más pequeña (y el campo resultante menor), lo cual es inevitable, dado el carácter inductivo de los bobinados del estator. Por ello, la corriente del estator no puede variar muy rápidamente. Generalmente se dan dos gráficas par-frecuencia: la curva "pull-in" y la "pull-out". La curva "pull-in" se utiliza cuando la electrónica del motor paso a paso trabaja a una frecuencia fija: la aceleración es discreta. Parte del par se reserva para acelerar el rotor. Esta curva sólo es válida para cargas reales como ejes con rodamientos. Si la propia carga tiene inercia, requiere para ella misma una parte específica de la fuerza de aceleración.

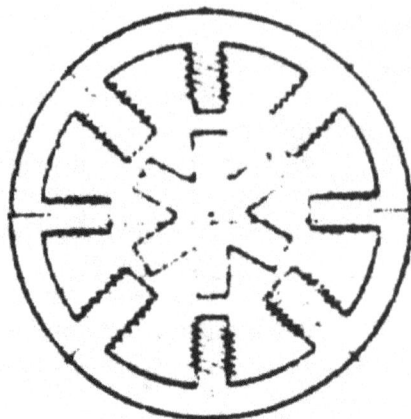

Figura 3: Gráfica par-frecuencia (velocidad de los pasos) de un motor paso a paso.

La curva "pull-out" se aplica en aceleraciones y desaceleraciones suaves. El par disponible es mayor, pero la parte electrónica se hace algo más compleja.

Podemos también analizar el caso de un motor paso a paso elemental formado por un estator con 4 bobinados de campo desplazados 90° entre sí y un rotor compuesto por un imán permanente simple de 2 polos. Un extremo de cada devanado estatórico (BA, BB, BC y BD) se conecta a un borne independiente y el otro se conecta a un borne común a todos los arrollamientos, que sirve de retorno para los distintos circuitos.

Resulta fácil comprender que si se excitan las bobinas una por una (BA - BB - BC - BD), se obtendrán rotaciones de 90°, ya que el imán permanente se alineará con el campo magnético generado, actuando a la manera de la aguja de una brújula.

Por otro lado, si se recurre al uso de secuencias combinadas (BA – BA +BB - BB – BB + BC - BC - ...) pueden lograrse pasos de 45°.

En vez del imán permanente puede utilizarse un rotor de polos salientes de material ferromagnético, para obtener una cupla de reluctancia, originada en su entrehierro anisótropo que produce una falta de homogeneidad de la reluctancia a lo largo de la periferia. Esto da lugar a una magnetización de las expansiones polares rotóricas y consiguientemente, a una tendencia de los polos del rotor a orientarse con el campo que producen los bobinados estatóricos.

Esta anisotropía resulta mayor en los modelos en que los bobinados estatóricos se arrollan sobre polos salientes (como los de los máquinas de corriente continua), dando lugar a mayores cuplas motoras.

En todos los casos, para la producción del par motor no se necesita de ningún tipo de excitación rotórica.

Si se analizan las curvas par-ángulo para los dos tipos de rotores descriptos, mientras el rotor de imán permanente produce un par máximo cuando la excitación se desplaza 90°, el rotor ferromagnético tiene par nulo y se puede mover en cualquier dirección. El modelo con rotor ferromagnético tiene su par máximo cuando la excitación se desplaza 45°.

El rotor de imán permanente tiene la propiedad de que su posición angular se define sin ambigüedad por las corrientes en los devanados, mientras que el rotor ferromagnético tiene dos posiciones posibles para cada disposición de corrientes en los bobinados.

Los motores eléctricos, en general, basan su funcionamiento en las fuerzas ejercidas por un campo electromagnético y creadas al hacer circular una corriente eléctrica a través de una o varias bobinas. Si dicha bobina, generalmente circular y denominada estator, se mantiene en una posición mecánica fija y en su interior, bajo la influencia del campo electro-

magnético, se coloca otra bobina, llamada rotor, recorrida por una corriente y capaz de girar sobre su eje, esta última tenderá a buscar la posición de equilibrio magnético, es decir, orientará sus polos norte-sur
hacia los polos sur-norte del estator, respectivamente. Cuando el rotor
alcanza esta posición de equilibrio, el estator cambia la orientación de
sus polos, aquel tratará de buscar la nueva posición de equilibrio; mante-
niendo dicha situación de manera continuada, se conseguirá un movimiento giratorio y continuo del rotor y a la vez la transformación de
una energía eléctrica en otra mecánica en forma de movimiento circular.
El principio de funcionamiento de los motores paso a paso son más
sencillos que cualquier otro tipo de motor eléctrico.

La figura 4 ilustra el modo de funcionamiento de un motor paso a paso.
Suponiendo que las bobinas L1 como L2 poseen un núcleo de hierro
dulce capaz de imantarse cuando dichas bobinas sean recorridas por
una corriente eléctrica. Por otra para el imán M puede girar libremente
sobre el eje de sujeción central.

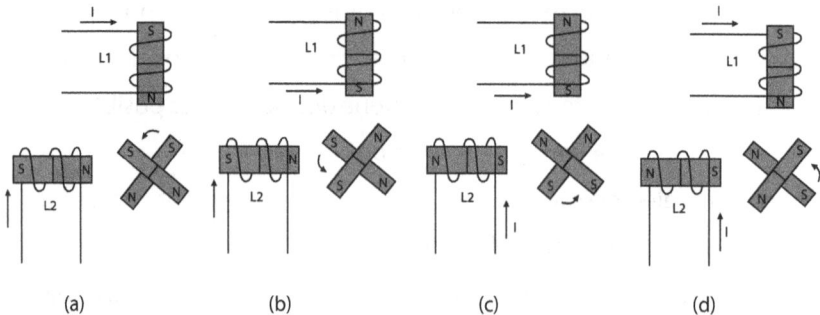

(a)   (b)   (c)   (d)

Figura 4: Principio de funcionamiento de un motor paso a paso.

Inicialmente, sin aplicar ninguna corriente a las bobinas (que también reciben el nombre de fases) y con M en una posición cualquiera, el imán permanecerá en reposo si no se somete a una fuerza externa.

Si se hace circula corriente por ambas fases como se muestra en la figura 4(a), se crearán dos polos magnéticos norte en la parte interna, bajo cuya influencia M se desplazará hasta la posición indicada en dicha figura.

En caso de invertir la polaridad de la corriente que circula por L1 se obtendrá la situación magnética indicada en la figura 4(b) y M se verá desplazado hasta la nueva posición de equilibrio, es decir, ha girado 90 grados en sentido contrario a las agujas del reloj.

Invirtiendo la polaridad de la corriente en L2, se llega a la situación de la figura 4(c) habiendo girado M otros 90 grados. Si invertimos de nuevo el sentido de la corriente en L1, M girará otros 90 grados y se habrá obtenido una revolución completa de dicho imán en cuatro pasos de 90 grados.

Por lo tanto, si se mantiene la secuencia de excitación expuesta para L1 y L2 y dichas corrientes son aplicadas en forma de pulsos, el rotor avanzará pasos de 90 grados por cada pulso aplicado.

Podemos afirmar que un motor paso a paso es un dispositivo electromecánico que convierte impulsos eléctricos en un movimiento rotacional constantes dependiendo de las características propias del motor.

El modelo de motor paso a paso expuesto en el ejemplo anterior, recibe el nombre de bipolar ya que, para obtener la secuencia completa, se requiere disponer de corrientes de dos polaridades. Dicha circunstancia presenta un inconveniente importante a la hora de diseñar el circuito que controle el motor. Una forma solucionar este problema se presenta en la figura 5, obteniéndose un motor unipolar de cuatro fases, puesto que la corriente circula por las bobinas en un único sentido.

Si en un principio se aplica la corriente a L1 y L2 cerrando los interruptores S1 y S2, se generarán dos polos norte que atraerán al polo sur de M hasta encontrar la posición de equilibrio entre ambos como puede verse en la figura 5(a). Si se abre luego S1 y se cierra S3, por la nueva distribución de polos magnéticos, M evoluciona hasta la situación representada en la figura 5(b).

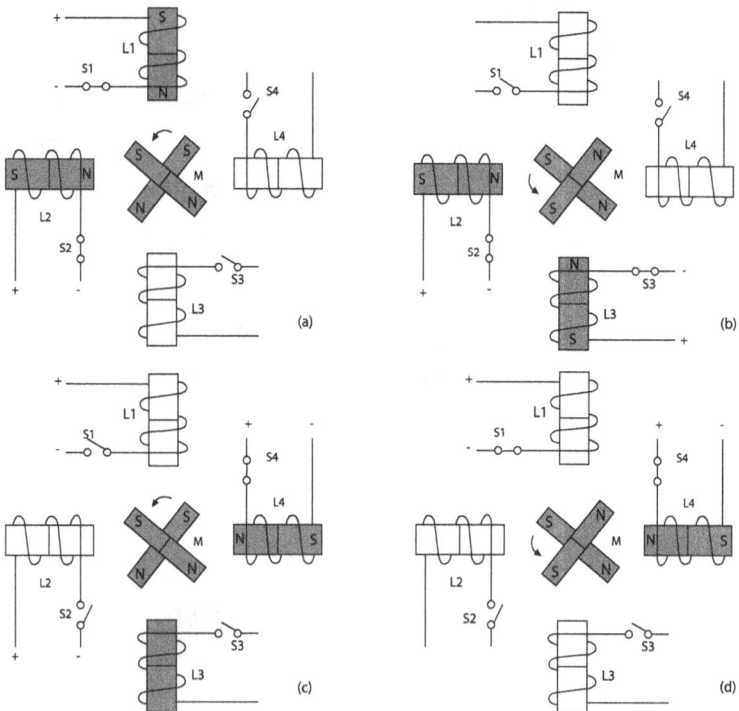

Figura 5: Principio básico de un motor unipolar de cuatro fases.

Siguiendo la secuencia representada en la figuras 5(c) y (d), de la misma forma se obtienen avances del rotor de 90 grados habiendo conseguido, como en el motor bipolar de dos fases, hacer que el rotor avance pasos de 90 grados por la acción de impulsos eléctricos de excitación de cada una de las bobinas. En uno y otro caso, el movimiento obtenido ha sido en sentido contrario al de las agujas

del reloj. Si las secuencias de excitación se generan en orden inverso, el rotor girará en sentido contrario, por lo que podemos deducir que el sentido de giro en los motores paso a paso es reversible en función de la secuencia de excitación y, de esta manera, se puede hacer avanzar o retroceder al motor un número determinado de pasos según las necesidades.

Una forma de conseguir motores paso a paso más reducido, es aumentar el número de bobinas del estator; pero en este caso aumentaría el costo. La solución es la de recurrir a la mecanización de los núcleos de las bobinas y el rotor en forma de hendiduras o dientes, creándose así micropolos magnéticos, tantos como dientes y estableciendo las situaciones de equilibrio magnéticos con avances angulares mucho menores, siendo posible conseguir motores hasta de 500 pasos.

En la foto que ilustra la figura 6 se observa el bobinado de un motor paso a paso de una disquetera, en el que pueden apreciarse bobinados, el imán permanente se ha desmontado para poder ver el interior del motor que está montado sobre la propia placa de circuito impreso .

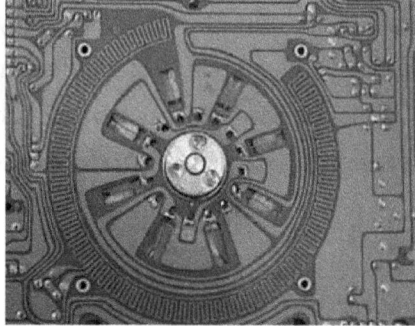

Figura 6

Circuitos de control

La mayor dificultad en la puesta en marcha de un motor paso a paso estriba en su necesidad de una fuente de alimentación inteligente para generar el campo rotativo.

El principio del circuito electrónico para controlar el motor paso a paso se refleja en el diagrama de bloques de la figura 7.

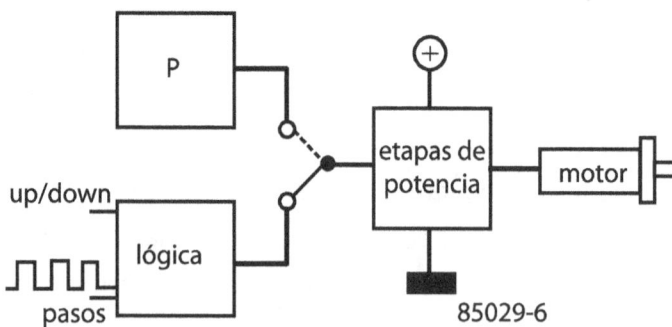

Figura 7: Diagrama de bloques del motor paso a paso y de la electrónica de control necesaria.

La configuración de la etapa de potencia depende directamente de la naturaleza unipolar o bipolar del motor y del número de fases a controlar. Un posible circuito para motores unipolares se da en la figura 8. Es simple, puesto que sólo requiere un transistor por arrollamiento. Los motores bipolares se controlan a través de un puente; por ejemplo, cuatro transistores por arrollamiento, como se ve en la figura 8(b).

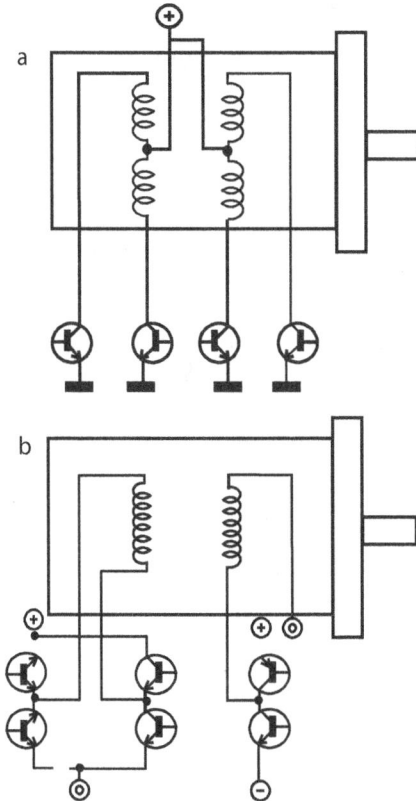

Figura 8: Posibles etapas de potencia para motores paso a paso unipolares y bipolares.

Como hemos expresado, al aumentar la frecuencia, la corriente por el estator principal disminuye, simplemente porque la corriente a través de un inductor necesita un cierto tiempo para alcanzar su valor nominal; y en las altas frecuencias el tiempo es lo más importante. Así, utilizar una corriente de control, en lugar de una de tensión de control, mejora las cosas. La figura 9 muestra algunos circuitos posibles para aumentar la corriente por el estator principal.

En la figura 9(a), una resistencia en serie reduce la constante de tiempo de subida, haciendo la carga menos inductiva. Disipará una parte de la potencia disponible.

Una forma más efectiva, la llamada "Compensación RC", se ve en la figura 9(b). Este circuito genera oscilaciones amortiguadas y conserva el factor de amortiguamiento tan pequeño como sea posible. Los valores de R y de C se especifican en los manuales del motor paso a paso.

La utilización de un transistor como fuente de corriente se observa en la figura 9(c). Es posible obtener gráficas con una gran pendiente, contando con la suficiente tensión de alimentación. Pero, una vez que la corriente se estabiliza, el transistor ya no está en saturación, disipará más potencia y necesitará un disipador de calor mayor.

Mucho más elegante es la cuarta solución que puede verse en la figura 9(d). Se trata de una fuente de corriente conmutada. Cuando la corriente alcanza un cierto valor, el comparador "corta" al transistor y el campo magnético decae suavemente a través del diodo. Cuando la corriente cae por debajo de un valor determinado, el comparador activa nuevamente al transistor. En esta configuración, el transistor no llegará nunca a disipar la potencia del circuito anterior.

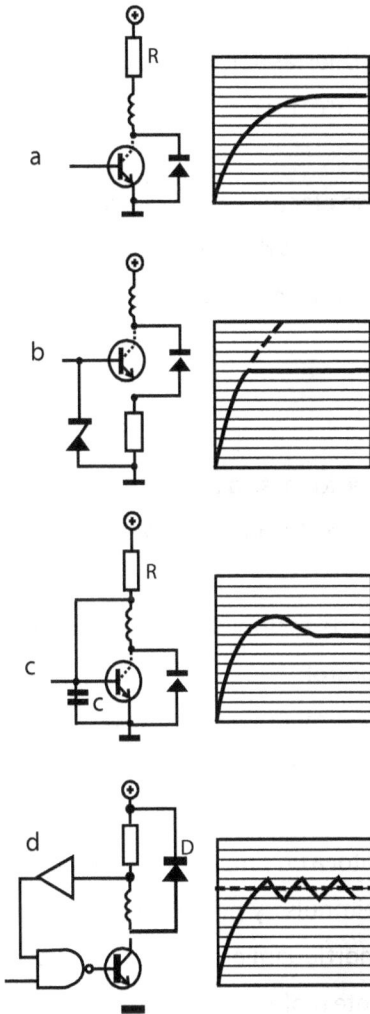

Figura 9: A mayor corriente, mayor par y velocidad de los pasos.

La lógica de control

Si se piensa controlar el motor paso a paso por computadora, las etapas de potencia se pueden conectar directamente a los puertos de salida y determinar, por medio del software, el sentido de giro del motor, el movimiento en pasos o en semipasos, marcha adelante o marcha atrás. En definitiva, todo es cuestión de lógica. Más aún, variando el intervalo de tiempo entre pasos, se puede obtener un regulador de velocidad muy preciso. Además, al contar los pasos se puede saber la posición exacta del objeto que está girando.

Por supuesto, la secuencia de conmutación de la etapa de potencia también se puede obtener con circuitos de lógica discreta. El control de los transistores de salida con un biestable R-S, podría llevar a una situación no permitida, como es la conducción simultánea de todos los transistores de un puente como el de la figura 8(b). Por ello, se pueden utilizar algunas puertas adicionales para fijar el biestable en "set" ("1" lógico) o en "reset" ("0" lógico) y para determinar la dirección de giro del motor.

El control de la velocidad instantánea se efectúa por la evaluación de los pulsos: el número de pulsos es una medida de la rotación. El dispositivo es controlado por la cadencia de un reloj que marca así la frecuencia de paso.

Consideraciones prácticas

Antes de poner en funcionamiento un motor paso a paso, se debe prestar especial atención a los siguientes puntos. En primer lugar, el carácter inductivo del estator: la conmutación de corriente en el estator provoca una tensión inducida $U = L \, di/dt$, que puede ser lo suficientemente alta, como para "cargarse" los circuitos de control.

Esto puede evitarse utilizando diodos de protección con arrollamientos unipolares, varistores y diodos zener, colocados en antiserie en los arrollamientos bipolares.

Otro inconveniente es la respuesta del rotor a un simple paso. Al alcanzar la nueva posición, se produce un sobreimpulso y por ello los motores paso a paso tienen por lo general un amortiguamiento bastante pobre (figura 10a). Este efecto es particularmente molesto en los motores más lentos.

Es debido a esto por lo que los motores paso a paso normalmente no transfieren la potencia a través de ruedas dentadas, ya que estos sobreimpulsos terminan deteriorando los dientes de las ruedas. Las correas de transmisión dentadas son mucho mejores por su flexibilidad, aunque a menudo se prefiere el acoplamiento directo.

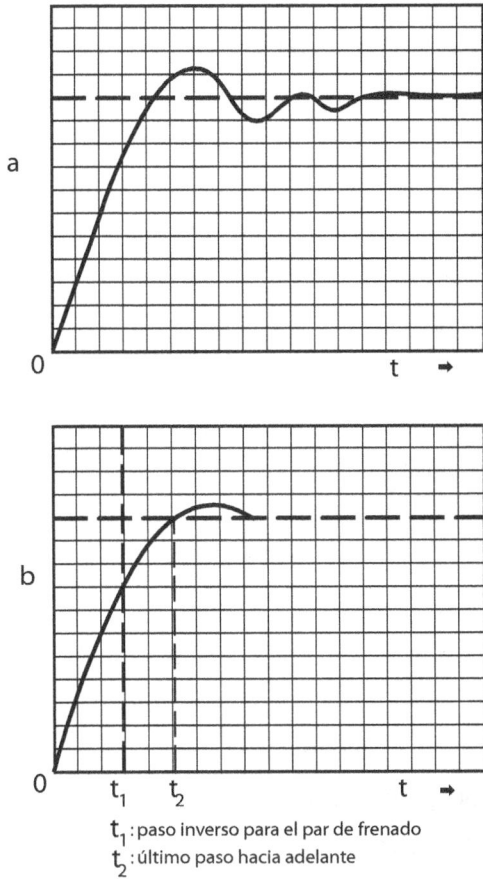

Figura 10: (a) Sobreimpulso: oscilación de amortiguamiento de un rotor sobre su nueva posición. (b) Al invertir el sentido del giro del motor en el momento oportuno, el sobreimpulso puede llegar a ser mínimo.

También es posible mejorar el amortiguamiento del motor. Esto se puede realizar mecanicamente, añadiendo un par de fricción, o electricamente, invirtiendo el sentido del giro del motor, justo antes de que el rotor alcance su nueva posición y volviéndole a invertir un instante después, lo que desencadena un par de frenado (figura 10b, t1), hasta que el rotor se inmoviliza (t2); en síntesis, hasta que se repone el paso.

La fiabilidad de un motor paso a paso depende de la precisión con que están dispuestas las fases del estator unas respecto a otras. Afortunadamente, las desviaciones no son acumulativas. Después de un número de pasos igual al número de fases, las desviaciones individuales se habrán contrarrestado.

Si lo que se desea es posicionar algo con mucha precisión, utilizando un motor paso a paso, deberá procurarse que el número de pasos entre la posición de referencia y la deseada, sea el múltiplo entero del número de fases del estator.

Tipos de motores paso a paso

De acuerdo al tipo de bobinas que se encuentren devanadas simétricamente sobre los estátores, estos tipos de motores se pueden clasificiar en: motores paso a paso bipolares y motores paso a paso unipolares.

En los motores bipolares la corriente que circula por los bobinados cambia de sentido en función de la tensión que se aplica. Un mismo bobinado puede tener en uno de sus extremos distintas polaridades (bipolar). Están formados por dos bobinas y poseen cuatro cables externos. Se los llama unipolares porque la corriente que circula por los diferentes bobinados circula en el mismo sentido. Están formados por cuatro bobinas y cada par de bobinas tienen un punto en común (conexión central), las que se deben conectar al valor positivo de la alimentación. Tienen entre cinco y ocho cables externos, que depende de si las conexiones centrales están unidas en forma interna en un único cable; dos cables (conexiones centrales de cada par independiente) o cuatro cables (los extremos de las conexiones centrales salen al exterior).

Los motores paso a paso bipolares, se muestran en la figura 11, con dos estatores, en donde sobre cada uno se ha devanado una bobina (1 y U), las que se encuentran conectadas directamente a conmutadores de control que podrán ser sustituidos por líneas de entrada y salida debidamente programadas.

Las bobinas se encuentran distribuidas en forma simétrica alrededor del estator. Por eso el campo magnético creado dependerá en magnitud de la intensidad de corriente por cada fase, y en polaridad magnética, del sentido de la corriente que circule por cada bobina. De este modo, el estator adquiere la magnetización correspondiente, orientándose el rotor según ella (figura 11a). Si el interruptor 1.1. se conmuta a su segunda posición (figura 11b), se invierte el sentido de la corriente que circula por T y por lo tanto la polaridad magnética, volviéndose a reorientar el rotor (el campo sufrió una rotación de 90° en sentido antihorario, haciendo girar el rotor 90° en ese mismo sentido). En síntesis, para dar una vuelta completa serán necesarios cuatro pasos de 90° cada uno. El ciclo completo se puede recorrer en la secuencia a, b, c y d de la figura 11).

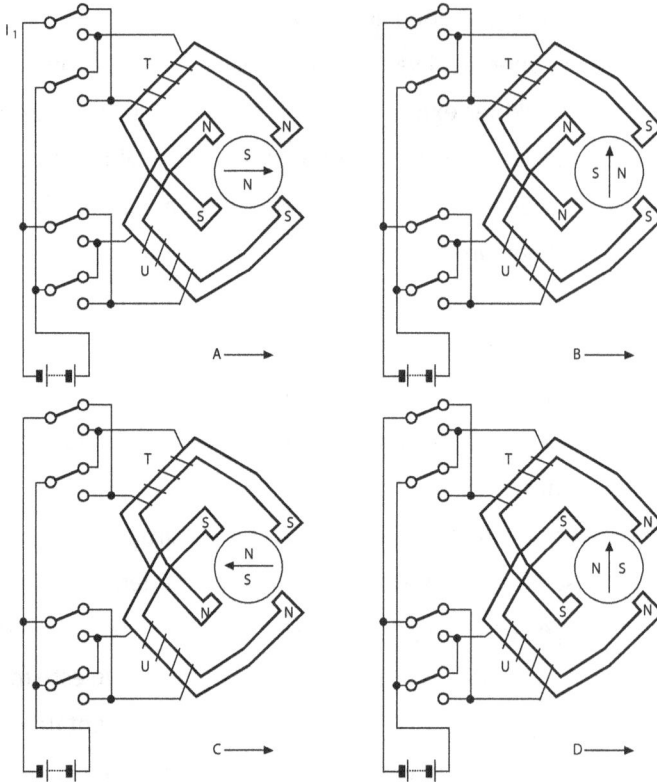

Figura 11: Motor paso a paso bipolar en modo de pasos completos.

Este tipo de motores pueden funcionar de manera menos ortodoxa, lo que posibilitará doblar el número de pasos, a pesar de la regularidad del par. En primer lugar, por los devanados T y U circula una corriente de modo que el estator alcanza la magnetización correspondiente. Por consiguiente, el rotor se orienta según ella. Antes de conmutar el interruptor I.1. a su segunda posición, se desconectará el devanado T, reorientándose el rotor, pero a 45°, la mitad de un paso.

Las bobinas del estator de los motores bipolares se conectan en serie formando solamente dos grupos, que se montan sobre dos estatores, como se muestra en la figura 12.

En el esquema de la figura 12 del motor salen cuatro hilos que se conectan, al circuito de control, que realiza la función de cuatro interruptores electrónicos dobles, que permite variar la polaridad de la alimentación de las bobinas. Con la activación y desactivación adecuada de dichos interruptores dobles, se obtienen las secuencias adecuadas para que el motor pueda girar en un sentido o en otro.

La existencia de varios bobinados en el estator de los motores de imán permanente, da lugar a varias formas de agrupar dichos bobinados, para que sean alimentados adecuadamente. Estas formas de conexión permiten la clasificación de los motores paso a paso.

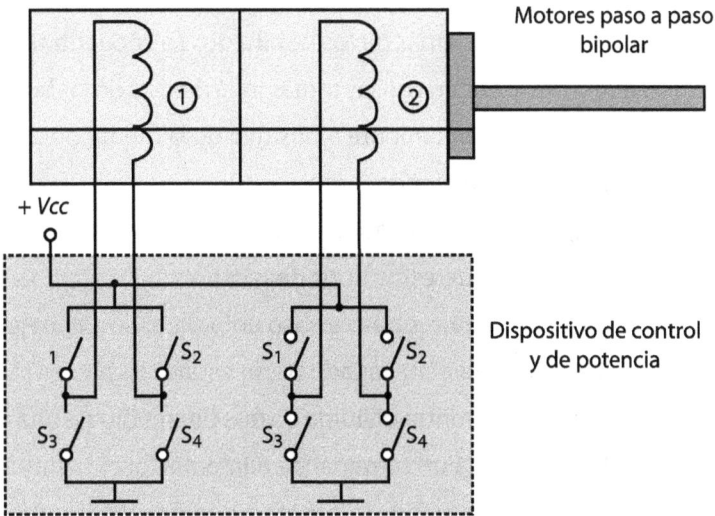

Figura 12: Control de motor bipolar.

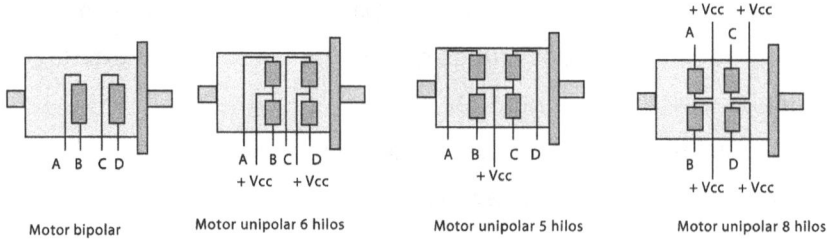

Motor bipolar   Motor unipolar 6 hilos   Motor unipolar 5 hilos   Motor unipolar 8 hilos

Figura 13: Disposición de las bobinas de motores paso a paso: (a) bipolar, (b) unipolar con 6 hilos, (c) unipolar a 5 hilos y (d) unipolar a 8 hilos.

Cabe tener en cuenta que los motores unipolares de seis u ocho hilos, pueden funcionar como motores bipolares si no se utilizan las tomas centrales, mientras que los de cinco hilos no podrán usarse jamás como bipolares, porque en el interior están conectados los dos cables centrales. En el caso de los unipolares lo normal es encontrarnos con cinco, seis u ocho terminales, ya que además de los bobinados se encuentran otros terminales que corresponden con las tomas intermedias de las bobinas, los cuales se conectan directamente a positivo de la fuente de alimentación para su correcto funcionamiento.

En la figura 13(b), 13(c) y 13(d) se pueden apreciar la forma de conexión interna de los terminales de estos tipos de motores.

En su construcción, los motores paso a paso unipolares son semejantes a los bipolares, excepto en el devanado de su estator (figura 14). Cada bobina del estator se encuentra dividida en dos por medio de una derivación central conectada a un terminal de alimentación. El sentido de la corriente que circula a través de la bobina y, por lo tanto, la polaridad magnética del estator se determina por el terminal al que se conecta la otra línea de alimentación, a través de un dispositivo de conmutación. Por lo tanto, las medias bobinas de conmutación hacen que se inviertan los polos magnéticos del estator en la forma apropiada. Cabe destacar que en cambio de invertir la polaridad de la corriente como se hacía en los motores paso a paso bipolares, en los unipolares se conmuta la bobina por donde circula la corriente.

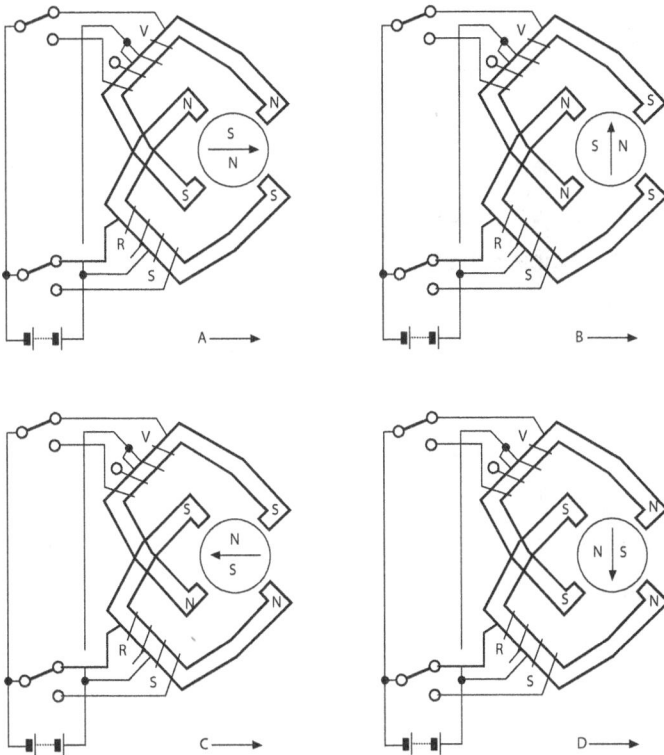

Figura 14: Motor paso a paso unipolar. Distintas secuencias según la alimentación del estator.

Al igual que los motores paso a paso bipolares, es posible tener resoluciones de giro correspondientes a un semipaso. Por otra parte, dado que las características constructivas de estos motores unipolares son iguales a las de los bipolares, se puede deducir que los devanados tanto en uno como en otro caso ocuparán el mismo espacio y es evidente que por cada fase tendremos menos vueltas o bien el hilo de cobre será de una sección menor. En cualquier de los casos se entiende la disminución de la relación de amperios/vuelta. A igual tamaño, los motores bipolares ofrecen un mayor par.

En los motores unipolares todas las bobinas del estator están conectadas en serie formando cuatro grupos. Estos a su vez, se conectan dos a dos, también en serie, y se montan sobre dos estatores diferentes, como puede observarse en la figura 15. Según puede apreciarse en esta figura, del motor paso a paso salen dos grupos de tres cables, uno de los cuales es común a dos bobinados. Los seis terminales que parten del motor, deben ser conectados al circuito de control, el cual, se comporta como cuatro conmutadores electrónicos que, al ser activados o desactivados, producen la alimentación de los cuatro grupos de bobinas con que está formado el estator. Si generamos una secuencia adecuada de funcionamiento de estos interruptores, se pueden producir saltos de un paso en el número y sentido que se desee.

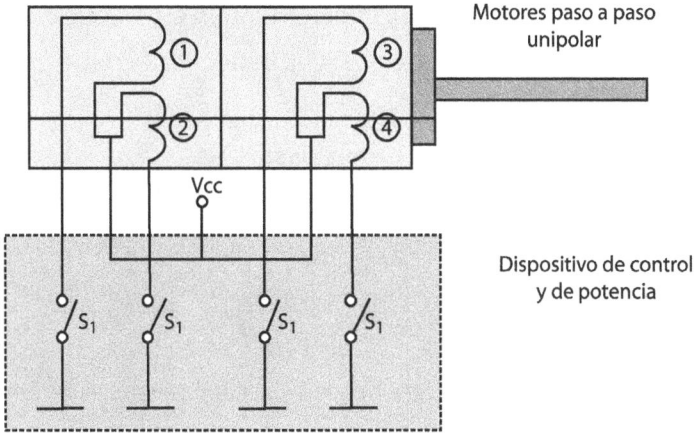

Motores paso a paso
unipolar

Vcc

Dispositivo de control
y de potencia

S_1 S_1 S_1 S_1

Figura 15: Control de motor unipolar.

Motores paso a paso con rotor de imán permanente.

Respecto a su funcionamiento, un motor paso a paso siempre se ha comparado a un motor síncrono: un campo magnético rotativo, controlado aquí por un dispositivo electrónico, pone en funcionamiento al rotor, que es un imán permanente. En este tipo de motores caben destacarse dos partes principales: rotor y estator. Estos motores constan de dos o más estatores, oportunamente bobinados.

El campo magnético producido por una de las fases en particular dependerá de la intensidad de corriente de esa fase. Si la intensidad es cero, el campo magnético también será nulo. Si la intensidad es máxima, el campo magnético tendrá una fuerza máxima.

Por otro lado, dado que el rotor es un imán permanente, si se permite el giro de éste dentro de un campo magnético, acabará por orientarse hasta la total alineación con el campo. En tanto, si el giratorio es intenso, se origina un par, capaz de accionar una determinada carga.

Parámetros de los motores paso a paso
Desde el punto de vista mecánico y eléctrico, es conveniente conocer el significado de algunas de las principales características y parámetros que se definen sobre un motor paso a paso.

- *Par dinámico de trabajo*: Depende de sus características dinámicas y es el momento máximo que el motor es capaz de desarrollar sin perder paso, es decir, sin dejar de responder a algún impulso de excitación del estator y dependiendo, evidentemente, de la carga. Generalmente se ofrecen, por parte del fabricante, curvas denominadas de arranque sin error (pull-in) y que relaciona el par en función el número de pasos. Hay que tener en cuenta que, cuando la velocidad de giro del motor aumenta, se produce un aumento de la f.c.e.m. en él generada y, por lo tanto, una disminución de la corriente absorbida por los bobinados del estator. Como consecuencia de todo ello, disminuye el par motor.

- *Par de mantenimiento*: Es el par requerido para desviar, en régimen de excitación, un paso el rotor cuando la posición anterior es estable. Es mayor que el par dinámico y actúa como freno para mantener el rotor en una posición estable dada.

- *Par de detención*: Es una par de freno propio de los motores de imán permanente, y es debida a la acción del rotor cuando los devanados del estator están desactivados.

- *Angulo de paso*: Se define como el avance angular que se produce en el motor por cada impulso de excitación. Se mide en grados, siendo los pasos estándar más importantes los que se muestran en la tabla 3.

Tabla 3

Grados por impulso de excitación	Número de pasos por vuelta
0,72°	500
1,8°	200
3,75°	96
7,5°	48
15°	24

- *Número de pasos por vuelta*: Es la cantidad de pasos que ha de efectuar el rotor para realizar una revolución completa. Es donde NP es el número de pasos y el ángulo de paso.

- *Frecuencia de paso máximo*: Se define como el máximo número de pasos por segundo que puede recibir el motor funcionando adecuadamente.

- *Momento de inercia del rotor:* Es el momento de inercia asociado que se expresa en gramos por centímetro cuadrado.

· *Par de mantenimiento, de detención y dinámico*: Definidos anteriormente y expresados en miliNewton por metro.

Control de los motores paso a paso

Para realizar el control de los motores paso a paso, es necesario generar una secuencia determinada de impulsos. Además es indispensable que estos impulsos sean capaces de entregar la corriente necesaria para que las bobinas del motor se exciten. El diagrama de bloques de un sistema con motores paso a paso se presenta en la figura 16.

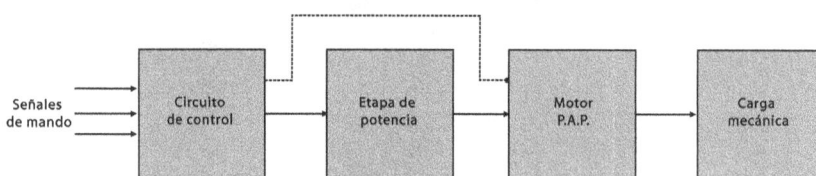

| Señales de mando | → | Circuito de control | → | Etapa de potencia | → | Motor P.A.P. | → | Carga mecánica |

Figura 16: Diagrama de bloques de un sistema con motor paso a paso

Secuencia del circuito de control

Existen dos formas básicas de hacer funcional los motores paso a paso atendiendo al avance del rotor bajo cada impulso de excitación:

1) Paso completo: El rotor avanza un paso completo por cada pulso de excitación y para ello su secuencia ha de ser la correspondiente a la expuesta anteriormente, para un motor como el de la figura 5, y que se presenta de forma resumida en la tabla 4. Para ambos sentidos de giro, las X indican los interruptores que deben estar cerrados (interruptores en ON), mientras que la ausencia de X indica interruptor abierto (interruptores en OFF).

Tabla 4. Secuencia de excitación de un motor paso a paso completo

Paso	S1	S2	S3	S4
1	X			X
2			X	X
3		X	X	
4	X	X		
1	X			X

Sentido horario (a)

Paso	S1	S2	S3	S4
1	X	X		
2		X	X	
3			X	X
4	X			X
1	X	X		

Sentido antihorario (b)

2) Medio paso: Con este modo de funcionamiento el rotor avanza medio paso por cada pulso de excitación, presentando como principal ventaja una mayor resolución de paso, ya que disminuye el avance angular (la mitad que en el modo de paso completo). Para conseguirlo, el modo de excitación consiste en hacerlo alternativamente sobre dos bobinas y sobre una sola de ellas, según se muestra en la tabla 5 para ambos sentidos de giro.

Tabla 5. Secuencia de excitación de un motor paso a paso en medio paso

Paso	Excitación de bobinas			
	S1	S2	S3	S4
1	X			X
2				X
3			X	X
4			X	
5		X	X	
6		X		
7	X	X		
8	X			
1	X			X

Sentido horario (a)

Paso	Excitación de bobinas			
	S1	S2	S3	S4
1	X	X		
2		X		
3		X	X	
4			X	
5			X	X
6				X
7	X			X
8	X			
1	X	X		

Sentido horario (b)

Según la figura 5 al excitar dos bobinas consecutivas del estator simultáneamente, el rotor se alinea con la bisectriz de ambos campos magnéticos; cuando desaparece la excitación de una de ellas, extingüiéndose el campo magnético inducido por dicha bobina, el rotor queda bajo la acción del único campo existente, dando lugar a un desplazamiento por la mitad.

Siguiendo el ejemplo presentado en la secuencia de la tabla 5, en el paso 1, y excitadas las bobinas L1 y L2 de la Figura 5 mediante la acción de S1 y S2, el rotor se situaría en la posición indicada en la Figura 5(a); en el paso 2, S1 se abre, con lo que solamente permanece excitada L2 y el rotor girará hasta alinear su polo sur con el norte generado por L2. En el supuesto que este motor tenía un paso de 90 grados, en este caso sólo ha avanzado 45 grados. Posteriormente, y en el paso 3, se cierra S3, situación representada en la figura 5(b), con lo que el rotor ha vuelto a avanzar otros 45 grados. En síntesis, los desplazamientos, siguiendo la mencionada secuencia, son de medio paso.

La forma de conseguir estas secuencias puede ser a través de un circuito lógico secuencial, con circuitos especializados o con un microcontrolador. Nos vamos a centrar en el control de los motores paso a paso utilizando un microcontrolador que no es capaz de generar la corriente suficiente para excitar las bobinas del motor paso a paso, para ello utilizaremos un integrado L293. Para utilizar como ejemplo disponemos de dos motores que hemos recuperado del despiece de un sistema informático y de un disco duro. El primero de ellos es un motor paso a paso unipolar con seis hilos y el segundo de ellos es un motor bipolar. A continuación comentaremos como utilizar estos dos motores para realizar el montaje expuesto, como si no conociéramos ninguno de sus parámetros.

La primera dificultad cuando no disponemos de las características de los motores, lo cual suele ser usual si utilizamos elementos de desguace. Para el análisis de las bobinas, es conveniente tener en cuenta el número de hilos de los que dispone nuestro motor y la figura 13 que muestra las conexiones de los motores. Así por ejemplo, en el caso del motor bipolar que tiene cuatro hilos, es fácil utilizando un polímetro en posición de medida de resistencias para detectar las dos bobinas independientes, para ello hay que buscar dos hilos que midan un valor cualquiera que no sea infinito, en nuestro caso 8Ω. Estos dos hilos pertenecen a los terminales de una de las bobinas y los otros dos a la pareja opuesta.

En este caso, saber que pareja de bobinas corresponde con la bobina A-B o a la C-D y cual es el principio y el final de dichas bobinas, no es necesario, porque una vez conectados los cables al circuito de control si el motor gira en sentido horario y queremos que gire en sentido antihorario, solo tendremos que cambiar las conexiones de la bobina A-B por los de la bobina C-D.

Para los motores de 6 hilos, también medimos con el polímetro para buscar los tres hilos que entre sí miden un valor cualquiera, distinto de infinito. Cuando lo hayamos conseguido, estos tres hilos pertenecerán a una de las bobinas y los otros tres pertenecerán a la bobina opuesta. Una vez que hemos conseguido detectar cuales son las bobinas, hay que averiguar cual de los tres cables es el central. Para ello, medimos entre dos cables la resistencia, en nuestro caso medimos 150Ω y midiendo entre otros dos hemos medido 300Ω, por lo tanto, el que tiene el valor mitad corresponde con la toma central de la bobina.

Para identificar cuál de los hilos corresponde a las bobinas 1, 2, 3 o 4, procedemos de la forma que a continuación se detalla.

Tendremos que alimentar el motor, su valor normalmente suele ir indicado por una pegatina o serigrafiado en la carcasa, en caso contrario deberemos tener en cuenta que la mayoría de los motores paso a paso están construidos para trabajar a 4, 5, 6, 12 y 24 voltios. Pues bien, probamos con 5V conectando esta alimentación a la patilla central de las dos bobinas, seguidamente se toma uno de los dos hilos y se numera con el número 1, y lo conectamos a masa. Seguidamente el otro hilo se conecta también a masa. Si el eje del motor hace un paso en sentido horario, lo numeramos con el número 3 y si lo hace en sentido antihorario lo numeramos con el número 4. El otro hilo evidentemente será el número 4.

El montaje que vamos a realizar es el de la figura 17, en el que hemos realizado la conexión del motor paso a paso a través del driver L293. Las líneas RB0, RB1, RB2 y RB3 serán las encargadas de generar la secuencia de activación del motor paso a paso, mientras que RB4 y RB5 se ponen siempre a "1" para habilitar las entradas de inhibición de los drivers. Las salidas de los drivers se conectan a las bobinas del motor para conseguir la corriente necesaria para que este se ponga en funcionamiento.

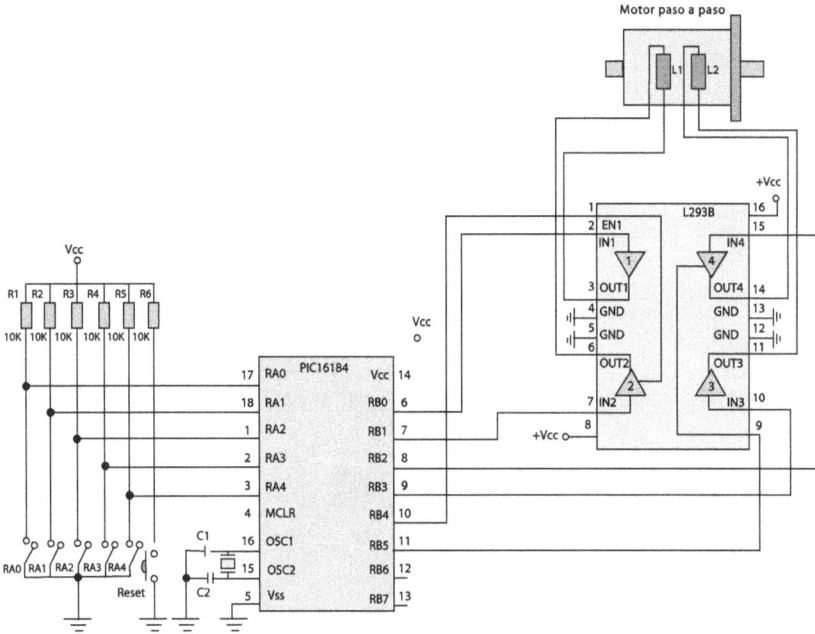

Figura 17: Conexión del motor paso a paso al PLC16F84 y al circuito L293.

Por su parte las entradas RA0-RA4 se configuran como entrada, si bien en este primer programa solo vamos a utilizar la línea RA0, dependiendo del valor de esta línea el motor deberá girar hacia la derecha o hacia la izquierda.

Bibliografía

- Revista Electro Gremio, enero de 1991.

- Alejandro Cubas García, Introducción a los motores paso a paso (www.redeya.com)

- Motores paso a paso (www.autric.com)